PROBLEMAS CON MEDIDAS

GERARDO M. NOGUEIRA

Grulla

371.33 GER

Gerardo M. Nogueira
Problemas con medidas: longitud, superficie, tiempo. - 1ª. ed.– Buenos Aires: Grupo Editor de la Grulla, 2006.
32 p.; 28x20 cm.

ISBN 987-520-213-4

I. Título - 1. Medidas-Ejercicios Prácticos

Primera edición: junio de 2003
Última reimpresión: septiembre de 2006, bajo demanda

I.S.B.N.: 987-520-213-4

Se ha hecho el depósito que establece la Ley 11.723

Bartolomé Mitre 3745 - Ciudad Autónoma de Buenos Aires
República Argentina
Impreso en Argentina - Printed in Argentina

Este libro fue impreso bado demanda mediante tecnología digital Xerox en bibliografika de Voros S.A.,
Av. Elcano 4048, Capital Federal.
info@bibliografika.com
www.bibliografika.com

INTRODUCCIÓN

Longitud, volumen, superficie, tiempo... Cuando los chicos escuchan por primera vez estos conceptos saben que están por aprender algo nuevo, y que se trata de algo que quizá no sea sencillo de comprender.

Para que la asimilación de estos conceptos sea fruto del entendimiento profundo y no de la mera repetición de fórmulas es que hemos pensado en este libro.

A lo largo de sus páginas, los alumnos encontrarán teoría y práctica de equivalencias entre diversas unidades, y podrán reforzar los conocimientos adquiridos en la escuela.

LONGITUD

DEFINICIÓN

La longitud es la distancia que existe entre dos puntos.

Al medir una longitud estamos calculando cuán larga es una cosa o qué distancia hay entre los objetos. Por ejemplo, podemos medir la altura de un árbol o la distancia que hay entre nuestra casa y la escuela.

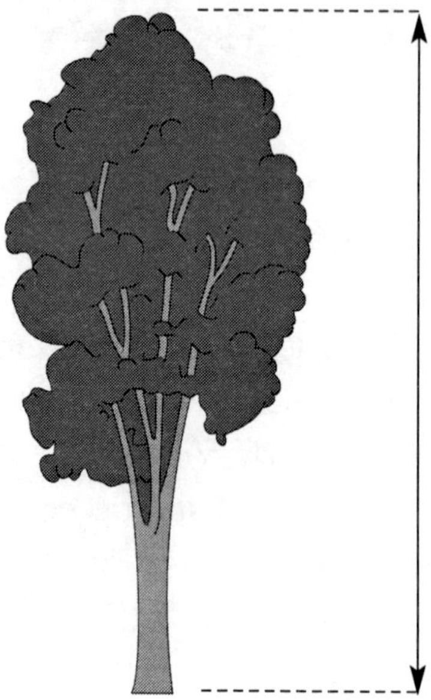

2,80 m = longitud

También podemos calcular la distancia que recorremos al dar una vuelta alrededor de un estadio de fútbol, si sumamos la longitud de cada uno de sus lados. En este caso lo que calculamos es el PERÍMETRO del estadio.

perímetro

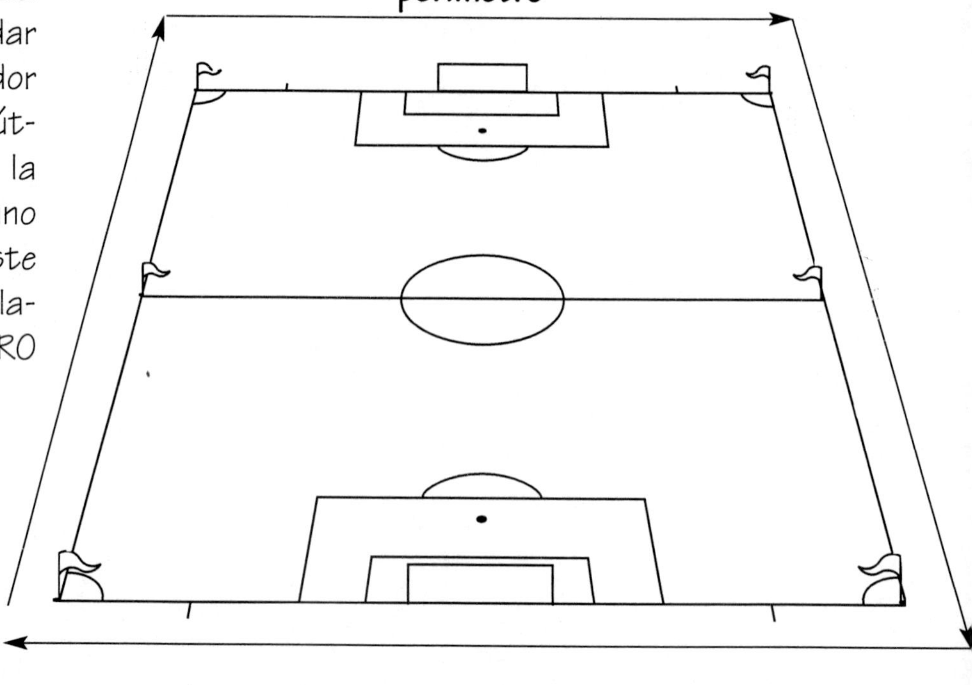

¿CÓMO PODEMOS PONERNOS TODOS DE ACUERDO ACERCA DE CUÁNTO MIDE UNA COSA?

Para que no haya confusiones, existe un elemento que nos sirve de modelo (o patrón) para medir las cosas y que es para todos igual. Esta unidad es el METRO.

Este patrón de medida pertenece al Sistema Métrico Decimal, que fue creado en Francia en el siglo XVIII. En la actualidad es el que se usa en la mayor parte del mundo occidental.

> LA UNIDAD DE MEDIDA DE LA LONGITUD ES EL "METRO" (M).

OTRAS UNIDADES PARA MEDIR LA LONGITUD

En el Sistema Métrico Decimal, para medir longitudes muy grandes o muy pequeñas se usan otras unidades. Éstas se obtienen multiplicando o dividiendo al metro por potencias de 10 (10, 10^2, 10^3, etc.)

- **Submúltiplos**

Son unidades menores que el metro. Se obtienen al dividir el metro por potencias de 10.

DIVIDIDO POR 10	DIVIDIDO POR 100	DIVIDIDO POR 1.000
1 decímetro (dm) = 0,1	1 centímetro (cm) m= 0,01 m	1 milímetro (mm) = 0,001 m

- **Múltiplos**

Son unidades mayores que el metro. Se obtienen multiplicando al metro por potencias de 10.

MULTIPLICADO POR 10	MULTIPLICADO POR 100	MULTIPLICADO POR 1.000
1 decámetro (dam) = 10 m	1 hectómetro (hm) = 100 m	1 kilómetro (km) = 1.000 m

EQUIVALENCIAS ENTRE UNIDADES DE LONGITUD

NOMBRE	ABREVIATURA	EQUIVALENCIAS
Kilómetro	km	1 km = 10 hm = 100dam = 1.000 m
Hectómetro	hm	1 hm = 0,1 km = 10 dam = 100 m
Decámetro	dam	1 dam = 0,01 km = 0,1 hm = 10 m
Metro	m	1 m = 0,001 km = 0,01 hm = 0,1 dam = 10 dm = 100 cm = 1.000 mm
Decímetro	dm	1 dm = 0,001 hm = 0,01 dam = 0,1 m = 10 cm = 100 mm
Centímetro	cm	1 cm = 0,01 m = 0,1 dm = 10 mm
Milímetro	mm	1 mm = 0,001 m = 0,01 dm = 0,1 cm

PASAJE DE UNIDADES DE LONGITUD

Si ordenamos las unidades de longitud de menor a mayor:

mm, cm, dm, m, dam, hm, km;

podemos decir que:

Cada unidad es 10 veces mayor que la de su izquierda y 10 menor que la de su derecha.

Para pasar a una unidad mayor tenemos que dividir por 10, o correr la coma un lugar hacia la izquierda.

Para pasar a una unidad menor tenemos que multiplicar por 10, o correr la coma un lugar a la derecha.

Ejemplo: 150 dm = 15 m = 1,5 dam

ALGUNAS FÓRMULAS PARA CALCULAR PERÍMETROS

El perímetro es el contorno de una figura. Si se trata de figuras geométricas de tres o más lados, el perímetro será la suma de sus lados.

- Perímetro del cuadrado

Si tenemos un cuadrado de lado L, su perímetro es igual a:

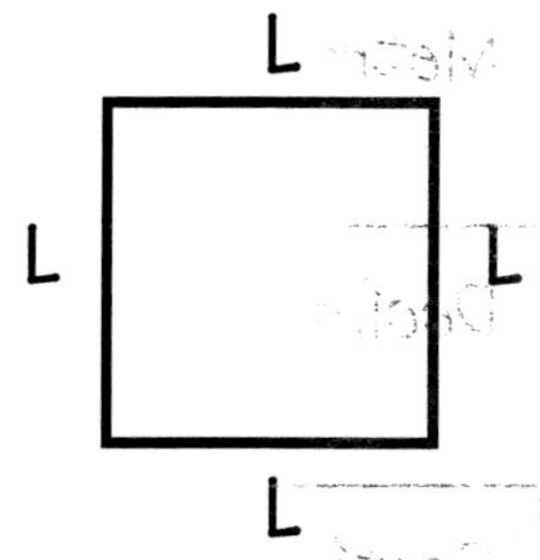

L + L + L + L = L x 4.

- Perímetro del rectángulo

Si tenemos un rectángulo de ancho A y largo L, su perímetro es igual a:

(A + L) x 2

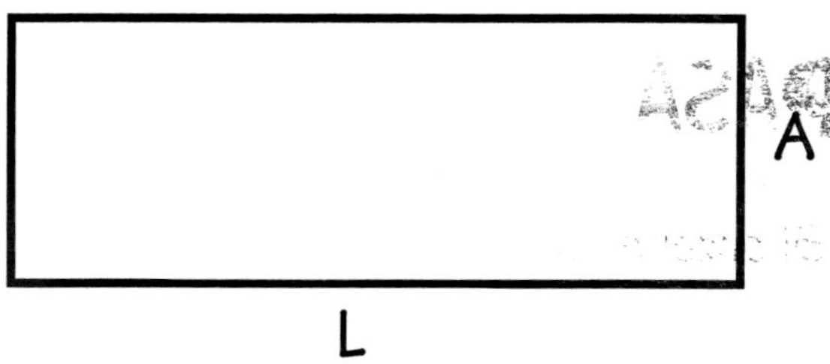

• Perímetro del triángulo escaleno

Si tenemos un triángulo cuyos lados L_1, L_2 y L_3 tienen distintas longitudes, su perímetro es igual a:

$$L1 + L2 + L3$$

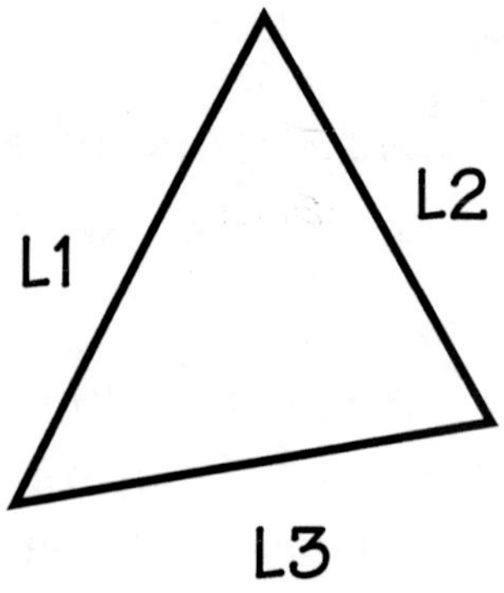

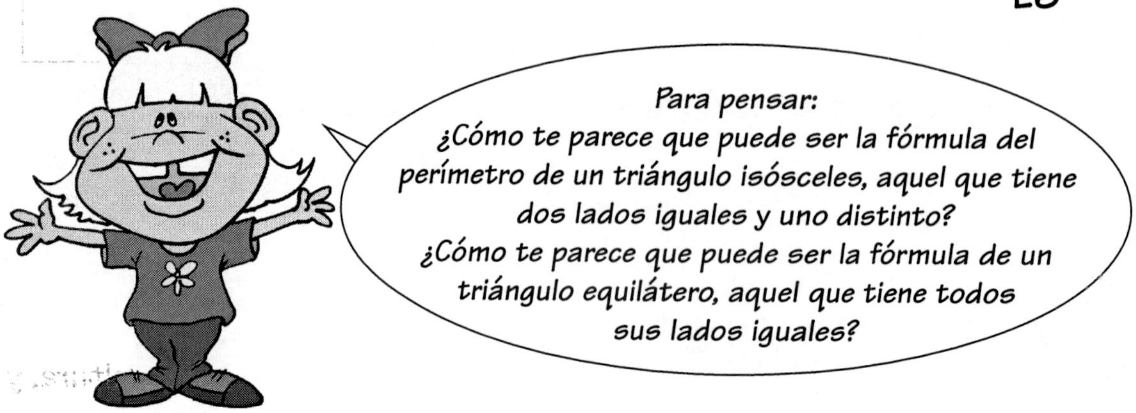

> PARA CALCULAR EL PERÍMETRO DE UNA FIGURA TENEMOS QUE TENER EN CUENTA QUE LAS LONGITUDES DE SUS LADOS ESTÉN EXPRESADAS EN LA MISMA UNIDAD DE MEDIDA. SI TENEMOS LONGITUDES EXPRESADAS EN UNIDADES DIFERENTES DEBEMOS ELEGIR UNA DE ELLAS Y REALIZAR EL PASAJE DE LAS RESTANTES.

EQUIVALENCIAS DEL SISTEMA MÉTRICO DECIMAL Y EL SISTEMA BRITÁNICO

Como dijimos antes, en algunos países se utilizan sistemas de medición diferentes al Métrico Decimal.

En el Sistema Británico se utilizan unidades como la pulgada, el pie, la yarda y la milla para medir longitudes.

SISTEMA BRITÁNICO	SISTEMA MÉTRICO DECIMAL
1 pulgada	2,54 cm
1 pie	30,48 cm
1 yarda	91,44 cm
1 milla	1,609 km

Y AHORA... A PRACTICAR

1) Frente a mi casa hay dos árboles. Un jacarandá que mide 2,5 m de altura, y un paraíso que mide 27 dm. ¿Cuál de los dos es más alto?

2) La ciudad más cercana al pueblo se encuentra a 46 hm. ¿Cuál será la distancia expresada en kilómetros?

3) ¿A cuántos metros del suelo se encuentra un piloto cuyo avión vuela a 2,5 km de altura?

4) Calculen a cuántos metros equivalen:

a- 14 km

b- 30.000 dm

c- 213 dam

d- 550.000 mm

e- 2 cm

f- 0,25 hm

5) Unan con flechas las medidas equivalentes

a- 1 dam	1- 0,01 m
b- 1 cm	2- 1.000 m
c- 1 dm	3- 0,001 m
d- 1 km	4- 10 m
e- 1 mm	5- 0,1 m

6) Si dividimos una vara de madera que mide 1,8 m en trozos de 6 dm cada uno, ¿cuántos trozos obtendremos?

7) Señalen con un círculo la respuesta correcta.

a- 1,5 dm:

I- 150 m

II- 1,5 m

III- 0,15 m

b- 20 hm

I- 2 km

II- 200 cm

III- 20.000 cm

c- 0,03 km

I- 300 m

II- 3.000 cm

III- 3.000 dm

d- 450.000 cm

I- 45 km

II- 45 dam

III- 45.000 dm

e- 0,7 m

I- 7000 mm

II- 0,07 dam

III- 700 cm

f- 24 mm

I- 2,4 hm

II- 0,24 cm

III- 2,4 cm

8) ¿Cuál es el perímetro de una plaza de forma rectangular si dos de sus cuadras miden 60 m y las otras dos 100 m?

9) Calculen el perímetro de las siguientes figuras:

a- Un cuadrado de lado = 5 cm

b- Un triángulo isósceles de base = 3,5 m y lados = 2 m cada uno

c- Un rectángulo de ancho = 12 hm y largo = 7 hm

d- Un triángulo cuyos lados miden: L1 = 50 cm; L2 = 4 dm; L3 = 700 mm

e- Un rectángulo de ancho = 0,00005 km y largo = 80 mm

10) Unan con flechas las medidas equivalentes.

a- 0,01 dm	1- 0,1 km	I- 10 m
b- 0,1 hm	2- 0,1 cm	II- 0,01 dam
c- 1 dm	3- 0,1 dam	III- 1 mm
d- 100 m	4- 0,01 km	IV- 1.000 mm
e- 10 hm	5- 1.000 m	V- 1 km
f - 0,001 km	6- 10 cm	VI- 1 hm

11) Ordenen los siguientes perímetros de menor a mayor.

a- Perímetro de un cuadrado cuyos lados L miden 12 dm.

b- Perímetro de un triángulo que tiene L1 = 10 dm, L2 = 130 cm, y L3 = 2,9 m.

c- Perímetro de un rectángulo que tiene un ancho A = 90 cm, y un largo L = 11 dm.

SUPERFICIE

DEFINICIÓN

La superficie es el lugar que una figura ocupa en el plano.

Como vimos en el capítulo anterior, para medir la longitud de un objeto debemos tener en cuenta solamente el largo. Para calcular su superficie tendremos que considerar el largo y el ancho. Es decir, dos dimensiones.

Si queremos saber qué superficie tiene un rectángulo, necesitamos conocer la longitud de su ancho y la de su largo.

ANCHO (A) = 3 m

LARGO (L) = 4 m

Al multiplicarlas obtenemos el valor de su superficie.

$$4 \text{ m} \times 3 \text{ m} = 12 \text{ m}^2$$

¿Qué significa m^2?

Para calcular esta superficie multiplicamos dos longitudes, por eso el resultado está expresado en una unidad de longitud elevada al cuadrado. Es lo mismo que sucede cuando multiplicamos un número por sí mismo: decimos que lo elevamos al cuadrado ($3 \times 3 = 3^2$).

> LA UNIDAD DE MEDIDA DE LA SUPERFICIE ES EL "METRO CUADRADO" (M^2).

OTRAS UNIDADES DE SUPERFICIE

- **Menores que el metro cuadrado**

Decímetro cuadrado (dm^2)
Centímetro cuadrado (cm^2)
Milímetro cuadrado (mm^2)

- **Mayores que el metro cuadrado**

decámetro cuadrado (dam^2)
hectómetro cuadrado (hm^2)
kilómetro cuadrado (km^2)

EQUIVALENCIAS ENTRE UNIDADES DE SUPERFICIE

NOMBRE	ABREVIATURA	EQUIVALENCIAS
Kilómetro cuadrado	km^2	1 km^2 = 100 hm^2 = 10.000 dam^2 = 1.000.000 m^2
Hectómetro cuadrado (o Hectárea)	hm^2 – ha	1 hm^2 = 0,01 km^2 = 100 dam^2 = 10.000 m^2
Decámetro cuadrado (o Área)	dam^2 – a	1 dam^2 = 0,0001 km^2 = 0,01 hm^2 = 100 m^2
Metro cuadrado	m^2	1 m^2 = 0,000001 km^2 = 0,0001 hm^2 = 0,01 dam^2 = 100 dm^2 = 10.000 cm^2 = 1.000.000 mm^2
Decímetro cuadrado	dm^2	1 dm^2 = 0,0001 dam^2 = 0,01 m^2 = 100 cm^2 = 10.000 mm^2
Centímetro cuadrado	cm^2	1 cm^2 = 0,0001 m^2 = 0,01 dm^2 = 100 mm^2
Milímetro cuadrado	mm^2	1 mm^2 = 0,000001 m^2 = 0,0001 dm^2 = 0,01 cm^2

PASAJE DE UNIDADES DE SUPERFICIE

Si ordenamos las medidas de superficie de menor a mayor:

mm^2, cm^2, dm^2, m^2, dam^2, hm^2, km^2

podemos decir que:

Cada unidad es 100 veces mayor que la de su izquierda y 100 veces menor que la de su derecha.

Para pasar a una unidad mayor tenemos que dividir por 100, o correr la coma dos lugares hacia la izquierda.

Para pasar a una unidad menor tenemos que multiplicar por 100, o correr la coma dos lugares hacia la derecha.

Ejemplo: $600\ dm^2 = 6\ m^2 = 0{,}06\ dam^2$

IMPORTANTE

PARA CALCULAR CUALQUIER SUPERFICIE ES IMPORTANTE TENER EN CUENTA QUE TODAS LAS LONGITUDES CON LAS QUE TRABAJEMOS ESTÉN EXPRESADAS EN LA MISMA UNIDAD DE MEDIDA. SI TENEMOS DOS LONGITUDES EXPRESADAS EN UNIDADES DIFERENTES DEBEMOS ELEGIR UNA DE ELLAS Y REALIZAR EL PASAJE DE LA OTRA.

Por ejemplo:

Si queremos conocer la superficie de un rectángulo cuyo largo L mide 3 dm y su ancho A mide 20 cm, al hacer las cuentas tendremos que pasar los decímetros a centímetros, o al revés.

Si elegimos el cm como unidad, entonces:

L 3 dm = 30 cm

La superficie del rectángulo será:
$L \times A = 30\ cm \times 20\ cm = 600\ cm^2$

Si en cambio elegimos el dm como unidad, entonces:

A 20 cm = 2 dm

La superficie del rectángulo será:
$L \times A = 3\ dm \times 2\ dm = 6\ dm^2$

ALGUNAS FÓRMULAS PARA CALCULAR SUPERFICIES

- Superficie del cuadrado

Si tenemos un cuadrado de lado L,
su superficie es igual a:

$$L \times L = L^2$$

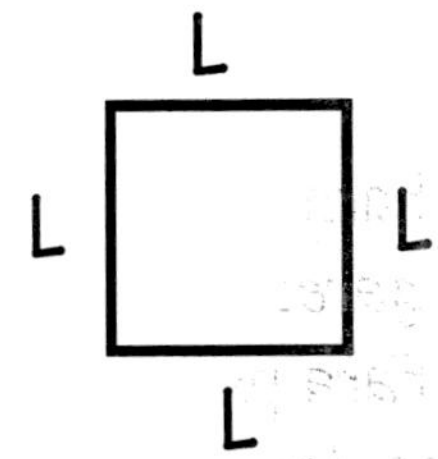

- Superficie del rectángulo

Si tenemos un rectángulo de ancho A y largo L,
su superficie es igual a:

$$A \times L$$

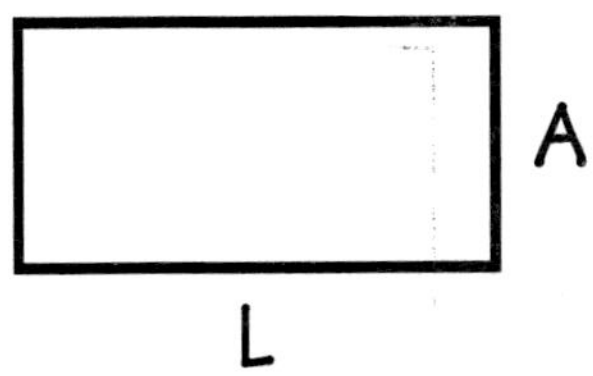

- Superficie del triángulo

Si tenemos un triángulo de base B y altura H,
su superficie es igual a:

$$B \times H / 2$$

(pues la superficie del triángulo es la mitad de la de un rectángulo).

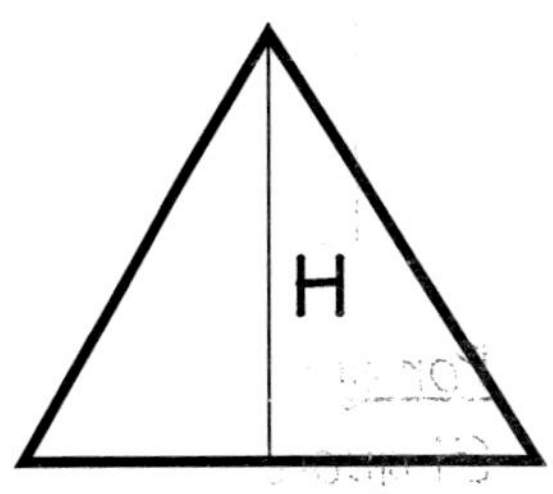

Y AHORA... A PRACTICAR

1) Calculen a cuántos metros cuadrados equivalen:

a- 6 km^2

b- 28.000 cm^2

c- 0,56 dam^2

d- 50 mm^2

e- 40.000 dm^2

f- 571 hm^2

2) Una hoja de papel de forma rectangular tiene 20 cm de ancho y 30 cm de largo. ¿Cuál será su superficie expresada en cada una de las siguientes unidades?

a- dm^2

b- km^2

c- m^2

d- dam^2

e- mm^2

3) Tengo un terreno para una huerta que mide 3 m de ancho por 4 m de largo. Si 10 semillas me alcanzan para cubrir 1 m^2 ¿Cuántas semillas necesitaré para sembrar todo el terreno?

4) Unan con flechas las medidas equivalentes.

a- 1 dam^2	1- 1.000.000 m^2
b- 1 cm^2	2- 100 m^2
c- 1 dm^2	3- 0,000001 m^2
d- 1 km^2	4- 0,0001 m^2
e- 1 mm^2	5- 0,01 m^2

5) Señalen con un círculo la respuesta correcta.

a- 0,1 dam^2

I- 1 km^2

II- 10 m^2

III- 10 dm^2

b- 25 cm^2

I- 2,5 dm^2

II- 0,0025 m^2

III- 250 mm^2

c- 246 m^2

I- 0,0246 hm^2

II- 24.600 dm^2

III- 2,46 cm^2

d- 3.900 mm^2

I- 0,39 dm^2

II- 0,39 m^2

III- 390 cm^2

e- 2,5 km^2

I- 25.000 dam^2

II- 250.000 m^2

III- 2.500.000 cm^2

6) Ordenen de menor a mayor las siguientes superficies.

a- 4 dm^2 – 20 km^2 – 3 mm^2 – 3 m^2 – 45 cm^2

b- 100 dm^2 – 0,01 cm^2 – 30.000 cm^2 – 200 m^2 – 2 m^2

c- 2.000.000 cm^2 – 0,0002 dm^2 – 20 dam^2 – 2 hm^2

7) Tengo un campo de forma irregular que está formado por:

- un rectángulo de 500 m de ancho y 1,5 km de largo.
- un triángulo de 500 m de base por 0,7 km de altura.

¿Cuál es la superficie total del campo?

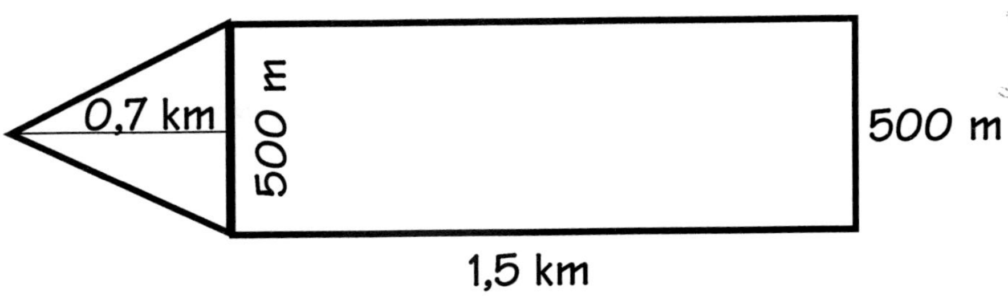

8) Tengo que pintar una bañadera vacía que mide 2 m de largo por 1 m de ancho por 50 cm de profundidad. Si una lata de pintura me alcanza para pintar 1 m². ¿Cuántas latas necesitaré para pintarla toda?

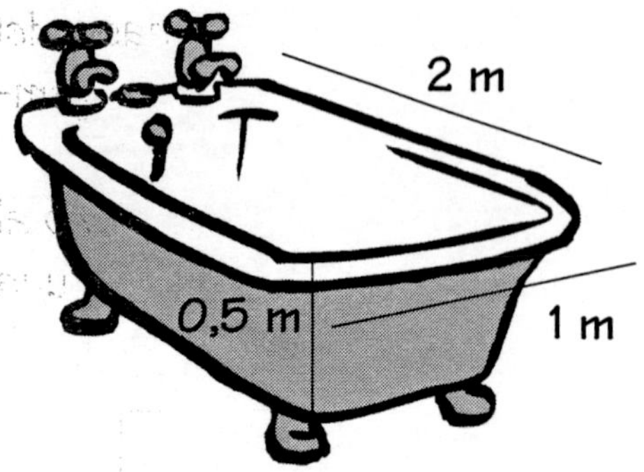

9) Unan con flechas las medidas equivalentes entre las tres columnas:

a- 1 dam²	1- 100 hm²	I- 0,01 dm²
b-1 cm²	2- 0,000001 km²	II- 0,0001 km²
c-1 km²	3- 100 m²	III- 10.000 cm²
d-1 mm²	4- 0,0001 m²	IV- 0,000001 m²
e- 1 m²	5- 0,01 cm²	V- 1.000.000 m²

10) El cuadrado A tiene 4 cm de lado. El cuadrado B, el doble. ¿Cuántas veces más grande es B que A?

TIEMPO

¿QUÉ ES EL TIEMPO?

Diferentes aspectos de nuestra vida cotidiana nos hacen percibir el paso del tiempo: el cambio de estaciones y el crecimiento de una planta son algunos ejemplos de ello.

Un fenómeno cíclico (que se repite) como la salida o la puesta del sol, le sirvió al hombre primitivo como un reloj más o menos preciso con el que podía tener una medida del tiempo.

LA UNIDAD DE MEDIDA DEL TIEMPO ES EL "SEGUNDO" (s).

OTRAS UNIDADES PARA MEDIR EL TIEMPO

Otras unidades derivadas del segundo son el minuto y la hora. Con ellas medimos lapsos de tiempo que nos son familiares, como la duración de un viaje en tren o la del recreo.

EQUIVALENCIAS ENTRE UNIDADES DE TIEMPO

NOMBRE	ABREVIATURA	EQUIVALENCIAS
1 hora	h	1 h = 60 min = 3.600 s
1 minuto	min	1 min = 1 / 60 h = 60 s
1 segundo	s	1 s = 1 / 3.600 h = 1 / 60 min

PASAJE DE UNIDADES DE TIEMPO

• Para pasar horas a minutos

Tenemos que multiplicar la cantidad de horas por 60.

Ejemplo: 3 h = 3 x 60 = 180 min

• Para pasar horas a segundos

Multiplicamos la cantidad de horas por 3.600.

Ejemplo: 2 h = 2 x 3.600 = 7.200 s

• Para pasar minutos a segundos

Multiplicamos la cantidad de minutos por 60.

Ejemplo: 25 min = 25 x 60 = 1.500 s

• Para pasar segundos a minutos

Tenemos que dividir la cantidad de segundos por 60. Como este número no es siempre un entero, el cociente indica la cantidad de minutos, mientras que el resto indicará los segundos.

Ejemplo: 250 s = 250 / 60 = 4 min 10 s

• Para pasar segundos a horas

Tenemos que dividir la cantidad de segundos por 3.600. El cociente indicará la cantidad de horas y el resto seguirá expresado en segundos.

Ejemplo: 14.256 s = 14.256 / 3.600 = 3 h 96 s

Estos segundos de resto pueden convertirse a su vez en minutos, como vimos en el punto anterior.

3 h 96 s =
3 h (96 / 60) min =
3 h 1 min 36 s

Y AHORA... A PRACTICAR

1) Calculen a cuántos segundos equivalen:

a- 25 min

b- 2 h

c- 3 h 10 min

d- 3 1/2 h

e- 1 h 28 min 15 s

2) En una semana...

a- ¿cuántas horas hay?

b- ¿cuántos minutos hay?

c- ¿cuántos segundos hay?

3) Fui al doctor y me dijeron que esperara 15 minutos. Pero yo esperé 6 veces ese tiempo. ¿Cuántas horas esperé?

4) Un obrero trabaja 8 horas diarias de lunes a viernes. ¿Cuántos segundos trabaja entre lunes y viernes?

5) Mi hermanito cumplió 5 años. Si suponemos que todos los meses tienen 30 días y no hay años bisiestos, ¿cuántos minutos podemos decir que tiene de vida?

6) Ordenen de menor a mayor las siguientes cantidades de tiempo.

a- 2 h – 107 m – 8.500 s

b- 42 min 20 s – 1 h 10 min – 2.400 s

c- 4 h 11 min 15 s – 251 min 16 s – 15.077 s

7) María estuvo 120 minutos frente al televisor. Si tenemos en cuenta que cada programa dura media hora y tiene 10 minutos de publicidades. ¿Cuántos programas vio María?

8) Un aparato de cine proyecta en la pantalla 24 cuadros por segundo. ¿Cuántos cuadros vemos en un minuto? ¿Y en una hora?

9) Unan con flechas las medidas equivalentes.

a- 2 h	1-10.380 s
b- 34 min	2- 2040 s
c- 3 h 2 min	3- 120 m
d- 172 min	4- 182 min
e- 2 h 53 min	5- 10.320 s

10) Señalen con un círculo la respuesta correcta.

a- 1 h 20 min

I- 160 min
II- 4.800 s
III- 140 min

b- 35 min 15 s

I- 2.115 s
II- 135 s
III- 2.305 s

c- 3 h 4 min 12 s

I- 11.040 s
II- 184 min 12 s
III- 3 h 262 s

d- 200 min 43 s

I- 3 h 23 min
II- 12.043 s
III- 243 min

e- 1 h 62 min 3480 s

I- 2 h 42 min
II- 212 min
III- 3 h

VOLUMEN

DEFINICIÓN

El volumen es el lugar que ocupa un cuerpo en el espacio.

Si para calcular longitudes teníamos en cuenta el largo de un objeto y para superficies el largo y el ancho, para calcular volúmenes debemos considerar el largo, el ancho y el alto: tres dimensiones.

Si queremos saber qué volumen tiene un prisma de base rectangular, necesitamos saber cuánto miden el ancho y el largo de la base, y el alto de prisma.

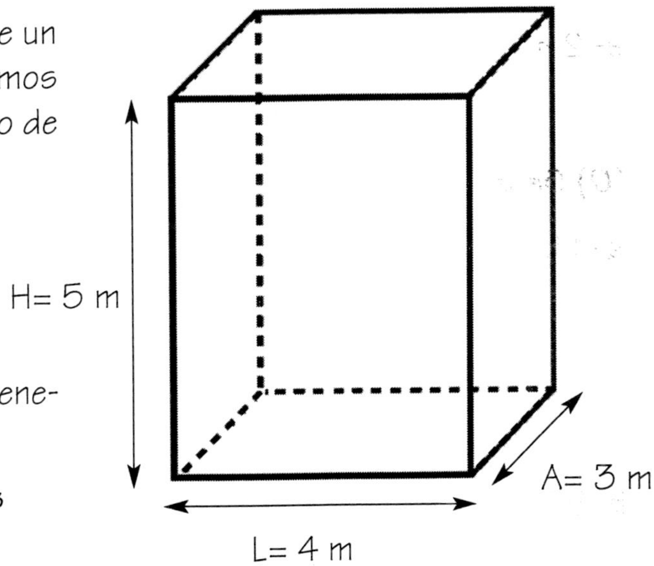

Al multiplicar las tres medidas obtenemos el volumen del cuerpo:

$$4 \text{ m} \times 3 \text{ m} \times 5 \text{ m} = 60 \text{ m}^3$$

¿QUÉ SIGNIFICA M^3?

Con el metro cúbico sucede lo mismo que lo que habíamos visto con el metro cuadrado. Al multiplicar tres longitudes, el resultado estará expresado en una unidad de longitud elevada al cubo. Cuando multiplicamos un número por sí mismo dos veces, decimos que lo elevamos al cubo ($5 \times 5 \times 5 = 5^3$).

LA UNIDAD DE MEDIDA DEL VOLUMEN ES EL "METRO CÚBICO" (M^3)

OTRAS UNIDADES DE VOLUMEN

- **Menores que el metro cúbico**

decímetro cúbico (dm^3)
centímetro cúbico (cm^3)
milímetro cúbico (mm^3)

- **Mayores que el metro cúbico**

decámetro cúbico (dam^3)
hectómetro cúbico (hm^3)
kilómetro cúbico (km^3).

EQUIVALENCIAS ENTRE UNIDADES DE VOLUMEN

NOMBRE	ABREVIATURA	EQUIVALENCIAS
Kilómetro cúbico	km^3	1 km^3 = 1.000 hm^3 = 1.000.000 dam^3 = 1.000.000.000 m^3
Hectómetro cúbico	hm^3	1 hm^3 = 0,001 km^3 = 1.000 dam^3 = 1.000.000 m^3
Decámetro cúbico	dam^3	1 dam^3 = 0,000001 km^3 = 0,001 hm^3 = 1000 m^3
Metro cúbico	m^3	1 m^3 = 0,000000001 km^3 = 0,000001 hm^3 = 0,001 dam^3 = 1.000 dm^3 = 1.000.000 cm^3 = 1.000.000.000 mm^3
Decímetro cúbico	dm^3	1 dm^3 = 0,000001 dam^3 = 0,001 m^3 = 1.000 cm^3 = 1.000.000 mm^3
Centímetro cúbico	cm^3	1 cm^3 = 0,000001 m^3 = 0,001 dm^3 = 1.000 mm^3
Milímetro cúbico	mm^3	1 mm^3 = 0,000000001 m^3 = 0,000001 dm^3 = 0,001 cm^3

PASAJE DE UNIDADES DE VOLUMEN

Si ordenamos de menor a mayor las unidades de volumen:

mm^3, cm^3, dm^3, m^3, dam^3, hm^3, km^3;

podemos decir que:

Cada unidad es 1.000 veces mayor que la de su izquierda y 1.000 menor que la de su derecha.

Para pasar a una unidad mayor tenemos que correr la coma 3 lugares hacia la izquierda.

Para pasar a unidad menor tenemos que correr la coma 3 lugares a la derecha.

Por ejemplo: 3.000 dm^3 = 3 m^3 = 0,003 dam^3

> ***IMPORTANTE***
>
> *AL IGUAL QUE EN EL CÁLCULO DE SUPERFICIES, EN EL CASO DE LOS VOLÚMENES DEBEMOS CUIDAR QUE LAS LONGITUDES QUE ESTAMOS UTILIZANDO ESTÉN EXPRESADAS TODAS EN LA MISMA UNIDAD. EN EL CASO DE QUE SEAN DIFERENTES DEBEMOS HACER EL CORRESPONDIENTE PASAJE DE UNIDADES.*

Por ejemplo:

Calculemos el volumen de un prisma de base rectangular cuyos datos son los siguientes:

El ancho (A) de la base rectangular mide 3 dm.

El largo (L) mide 50 cm.

La altura (H) del prisma es igual a 2 m.

Si elegimos el dm como unidad, entonces:

L: 50 cm = 5 dm

H: 2 m = 20 dm

El volumen del prisma será:

A x L x H =

3 dm x 5 dm x 20 dm =

300 dm^3

ALGUNAS FÓRMULAS PARA CALCULAR VOLÚMENES

• Volumen del cubo
Éste es el volumen más fácil de calcular.
El cubo tiene todos los lados iguales,
por lo tanto su volumen será:

$$L \times L \times L = L^3$$

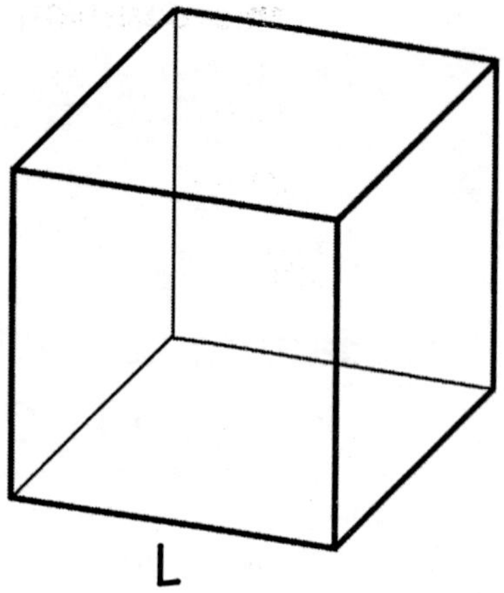

• Volumen de un prisma de base rectangular
Si tenemos un prisma cuya base es un rectángulo de ancho A y largo L, primero calculamos la superficie del rectángulo, que es igual a A x L. Luego multiplicamos el resultado por la altura H del prisma. Entonces, el volumen de un prisma de base rectangular es igual a:

$$(A \times L) \times H$$

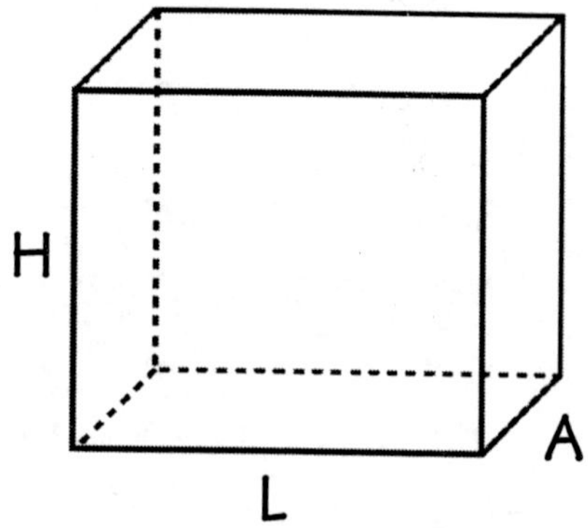

• Volumen de un prisma de base triangular
Si queremos calcular el volumen de un prisma que tiene como base un triángulo de base B y altura h, primero calculamos la superficie del triángulo, que es igual a B x h / 2. Luego multiplicamos el resultado por la altura H del prisma. Entonces, el volumen de un prisma de base triangular es igual a:

$$(B \times h / 2) \times H$$

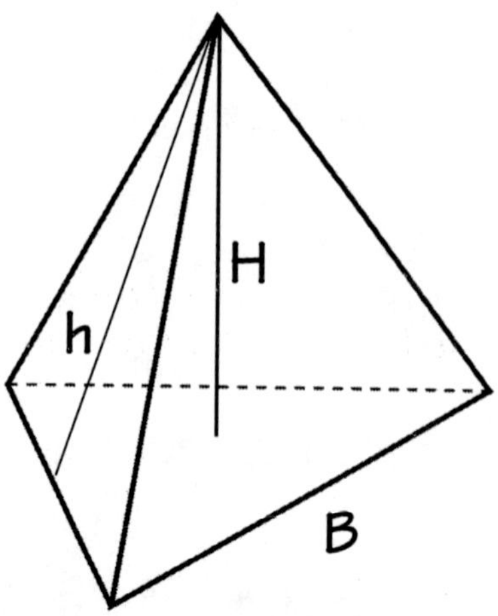

Y AHORA... A PRACTICAR

1) Calculen a cuántos metros cúbicos equivalen:

a- 0,078 dam^3

b- 37.000 cm^3

c- 2,5 km^3

d- 456.000 mm^3

e- 6.750 dm^3

f- 91,2 hm^3

2) Calculen el volumen de los siguientes cuerpos.

a- Un cubo cuyos lados miden 3 m cada uno.

b- Un prisma rectangular cuyos lados miden:
A = 30 dm; L = 4000 mm; H = 2 m.

c- Un prisma cuya base es un triángulo de base (B) = 50 m y altura (h) = 200 dm. La altura del prisma (H) es = 6 dam.

3) Una caja de cartón cuya base es un rectángulo de 4 cm de ancho por 5 cm de largo, tiene una altura de 8 cm. ¿Cuál será su volumen expresado en...

a- dm^3

b- dam^3

c- m^3

d- km^3

e- mm³

f- hm³

g- cm³

4) Tenemos que llenar con agua una piscina que mide: 8 m de largo por 4 m de ancho por 2 m de alto. La bomba tira 800 litros de agua por hora. ¿Cuántas horas serán necesarias para llenarla?

5) Unan con flechas las medidas equivalentes.

a- 1 dam³	1- 0,000001 m³
b- 1 cm³	2- 1.000.000.000 m³
c- 1 dm³	3- 0,000000001 m³
d- 1 km³	4- 1.000 m³
e- 1 mm³	5- 0,001 m³

6) Medio litro de leche diario es lo necesario para mantener sano el organismo. ¿Cuántos niños pueden obtener esa ración de un barril que contiene 0,7 m³?

7) Señalen con un círculo la respuesta correcta.

a- 0,7 km³

I- 70 hm³

II- 700.000.000 m³

III- 7.000.000 dam³

b- $965\ dm^3$

I- $0{,}965\ m^3$

II- $96.500.000\ cm^3$

III- $0{,}0965\ km^3$

c- $47.500\ hm^3$

I- $475.000\ dam^3$

II- $4{,}75\ km^3$

III- $47{,}5\ km^3$

d- $39{,}8\ m^3$

I- $39.800.000.000\ mm^3$

II- $0{,}398\ dam^3$

III- $3.980\ dm^3$

e- $5.500\ cm^3$

I- $0{,}55\ dm^3$

II- $0{,}0055\ m^3$

III- $550.000\ mm^3$

8) Ordenen de menor a mayor los siguientes volúmenes.

a- $20.000\ dm^3 - 13{,}5\ m^3 - 0{,}125\ dam^3 - 0{,}00015\ km^3 - 2.700.000\ cm^3$

b- $6.500.000\ cm^3 - 376\ dm^3 - 0{,}15\ m^3 - 0{,}0000042\ hm^3 - 2.570\ mm^3$

c- $14\ m^3 - 0{,}0046\ dam^3 - 0{,}001\ hm^3 - 72\ dm^3 - 12.000.000.000\ cm^3$

9) Unan con flechas las medidas equivalentes entre las tres columnas.

a- $1\ cm^3$	1- $1.000.000.000\ m^3$	I- $1.000.000.000\ mm^3$
b- $1\ dam^3$	2- $0{,}000001\ hm^3$	II- $0{,}000000001\ m^3$
c- $1\ km^3$	3- $0{,}000001\ m^3$	III- $1.000.000\ dam^3$
d- $1\ m^3$	4- $1.000.000\ dm^3$	IV- $1000\ mm^3$
e- $1\ mm^3$	5- $0{,}001\ cm^3$	V- $0{,}001\ hm^3$

10) El cubo A tiene 2 cm de lado. El cubo B, el doble. ¿Cuántas veces más grande es B que A?

Soluciones

Página 9:

LONGITUD

1) El paraíso es más alto.
Pues: 27 dm = 2,7 m.

2) 4,6 km

3) 2.500 m

4) a- 14.000 m
b- 3.000 m
c- 2.130 m
d- 550 m
e- 0,02 m
f- 25 m

5) a- 4
b- 1
c- 5
d- 2
e- 3

6) La respuesta es 3.
Explicación: Elegimos el dm como unidad: 1,8 m = 18 dm. Entonces 18 / 6 = 3, es el número de trozos de madera que obtendremos.

7) a- 1,5 dm = 0,15 m
b- 20 hm = 2 km
c- 0,03 km = 3.000 cm
d- 450.000 cm = 45.000 dm
e- 0,7 m = 0,07 dam
f- 24 mm = 2,4 cm

8) La respuesta es 320 m.

9) a- 20 cm
b- 7,5 m
c- 38 hm
d- 160 cm (ó 16 dm ó 1600 mm)
e- 0,000260 km (ó 260 mm)

10) a- 2 - III
b- 4 – I
c- 6 – II
d- 1 – VI
e- 5 – V
f- 3 – IV

11) La respuesta es
c – a – b
Explicación: Si pasamos todas las unidades a cm: el perímetro del cuadrado es 480 cm, el del triángulo es 520 cm y el del rectángulo es 400 cm.

Página 15:

SUPERFICIE

1) a- 6.000.000 m²
b- 2,8 m²
c- 56 m²
d- 0,00005 m²
e- 400 m²
f- 5.710.000 m²

2) a- 6 dm²
b- 0,00000006 km²
c- 0,06 m²
d- 0,0006 dam²
e- 60.000 mm²

3) La respuesta es 120.
Explicación: La superficie del terreno es de 12 m² (3 m x 4 m). La cantidad de semillas necesarias será de 10 x 12 = 120 semillas.

4) a- 2
b- 4
c- 5
d- 1
e- 3

5) a- 0,1 dam2 = 10 m²
b- 25 cm2 = 0,0025 m²
c- 246 m2 = 24.600 dm²
d- 3900 mm2 = 0,39 dm²
e- 2,5 km2 = 25.000 dam²

6) a: 3 mm² – 45 cm² – 4 dm² – 3 m² – 20 km²
b: 0,01 cm² – 100 dm² – 2 m² – 30.000 cm² – 200 m²
c: 0,0002 dm² – 2.000.000 cm² – 20 dam² –2 hm²

7) La respuesta es 0,925 km² (ó 925.000 m²)
Explicación: primero pasamos todas las unidades a km o a m. Después calculamos la superficie del rectángulo y la del triángulo por separado. Finalmente las sumamos.

8) Necesitaremos 5 latas de pintura.

9) a- 3- II
b- 4- I
c- 1- V
d- 5- IV
e- 2- III

10) B es 4 veces más grande que A.
Explicación: la superficie de A es 16 cm² (4 cm x 4 cm). La superficie de B es 64 cm² (8 cm x 8 cm). Si dividimos la superficie de B por la de A, obtenemos el resultado. (64 cm² / 16 cm² = 4).

Página 21:

TIEMPO

1) a- 1.500 s
b- 7.200 s
c- 11.400 s
d- 12.600 s
e- 5.295 s

2) a- 168 h 0 min 0 s
b- 10.080 min
c- 604.800 s

3) 1 y 1/2 h (ó 1 h 30 min = 90 min)

4) 144.000 s

5) 2.592.000 min

6) a- 107 m – 2 h – 8500 s
b- 2.400 s – 42 min 20 s – 1 h 10 min
c- 4 h 11 min 15 s – 251 min 16 s – 15077 s

7) María vio 3 programas.
Explicación: cada programa dura 1/2 h (ó 30 min) más 10 min de publicidades. Es decir, cada programa dura 40 min. 120 / 40 = 3.

8) En un minuto proyecta 1440 cuadros. En una hora, 86.400 cuadros.

9) a- 3
b- 2
c- 4
d- 5
e- 1

10) a- II
b- I
c- II
d- II
e- III

Página 27:

VOLUMEN

1) a- 78 m^3
b- 0,037 m^3
c- 2.500.000.000 m^3
d- 0,000456 m^3
e- 6,75 m^3
f- 91.200.000 m^3

2) a- 27 m^3 (3 m x 3 m x 3 m)
b- 24 m3 ó 24.000 dm^3 ó 24.000.000.000 mm^3 (3 m x 4 m x 2 m)
c- 30.000 m^3 o 30.000.000 dm^3 ó 30 dam^3 (según la fórmula del prisma triangular: 50 m x 20 m / 2 x 60 m).

3) a- 0,16 dm^3
b- 0,00000016 dam^3
c- 0,00016 m^3
d- 0,00000000000016 km^3
e- 160.000 mm^3
f- 0,00000000016 hm^3
g- 160 cm^3

4)La respuesta es 80 h.
Explicación: el volumen de la pileta es 64 m3 (8 m x 4 m 2 m). Si la bomba tira 0,8 m3 (= 800 dm3) de agua por hora, tardará 80 horas para llenarla.

5) a- 4
b- 1
c- 5
d- 2
e- 3

6) La respuesta es 1.400 niños.

7) a- II
b- I
c- III
d- I
e- II

8) a- 2.700.000 cm^3 – 13,5 m^3 – 20.000 dm^3 – 0,125 dam^3 - 0,00015 km^3
b- 2.570 mm^3 – 0,15 m^3 – 376 dm^3 – 0,0000042 hm^3 – 6.500.000 cm^3
c- 72 dm^3 – 0,0046 dam^3 – 14 m^3 – 0,001 hm^3 – 12.000.000.000 cm^3

9) a- 3 – IV
b- 4- V
c- 1- III
d- 2- I
e- 5- II

10) B es 8 veces más grande que A.
Explicación: el volumen de A es 8 cm^3 (2 cm x 2 cm x 2 cm). El volumen de B es 64 cm^3 (4 cm x 4 cm x 4 cm). Si dividimos el volumen de B por el de A, obtenemos el resultado. (64 cm^3 / 8 cm^3 = 8).